中华人民共和国人民武装警察法

中国法制出版社

目　　录

中华人民共和国主席令

第四十八号

《中华人民共和国人民武装警察法》已由中华人民共和国第十三届全国人民代表大会常务委员会第十九次会议于2020年6月20日修订通过，现予公布，自2020年6月21日起施行。

中华人民共和国主席　习近平

2020年6月20日

中华人民共和国人民武装警察法

（2009 年 8 月 27 日第十一届全国人民代表大会常务委员会第十次会议通过　2020 年 6 月 20 日第十三届全国人民代表大会常务委员会第十九次会议修订）

目　　录

第一章　总　　则

第一条　为了规范和保障人民武装警察部队履行职责，建设强大的现代化人民武装警察部队，维护国家安全和社会稳定，保护公民、法人和其他组织的合法权益，制定本法。

第二条　人民武装警察部队是中华人民共和国武装力量的重要组成部分，由党中央、中央军事委员会集中统一领导。

第三条　人民武装警察部队坚持中国共产党的绝对领导，贯彻习近平强军思想，贯彻新时代军事战略方针，按照多能一体、维稳维权的战略要求，加强练兵备战、坚持依法从严、加快建设发展，有效履行职责。

第四条　人民武装警察部队担负执勤、处置突发社会安全事件、防范和处置恐怖活动、海上维权执法、抢险救援和防卫作战以及中央军事委员会赋予的其他任务。

第五条 人民武装警察部队应当遵守宪法和法律，忠于职守，依照本法和其他法律的有关规定履行职责。

人民武装警察部队依法履行职责的行为受法律保护。

第六条 对在执行任务中做出突出贡献的人民武装警察，依照有关法律和中央军事委员会的规定给予表彰和奖励。

对协助人民武装警察执行任务有突出贡献的个人和组织，依照有关法律、法规的规定给予表彰和奖励。

第七条 人民武装警察部队实行衔级制度，衔级制度的具体内容由法律另行规定。

第八条 人民武装警察享有法律、法规规定的现役军人的权益。

第二章 组织和指挥

第九条 人民武装警察部队由内卫部队、机动部队、海警部队和院校、研究机构等组成。

内卫部队按照行政区划编设，机动部队按照任务编设，海警部队在沿海地区按照行政区划和任务区域编设。具体编设由中央军事委员会确定。

第十条 人民武装警察部队平时执行任务，由中央军事委员会或者中央军事委员会授权人民武装警察部队组织指挥。

人民武装警察部队平时与人民解放军共同参加抢险救援、维稳处突、联合训练演习等非战争军事行动，由中央军事委员会授权战区指挥。

人民武装警察部队战时执行任务，由中央军事委员会或者中央军事委员会授权战区组织指挥。

组织指挥具体办法由中央军事委员会规定。

第十一条 中央国家机关、县级以上地方人民政府应当与人民武装警察部队建立任务需求和工作协调机制。

中央国家机关、县级以上地方人民政府因重大活动安全保卫、处置突发社会安全事件、防范和处置恐怖活动、抢险救援等需要人民武装警察部队协助的，应当按照国家有关规定提出需求。

执勤目标单位可以向负责执勤任务的人民武装警察部队提出需求。

第十二条 调动人民武装警察部队执行任务，坚持依法用兵、严格审批的原则，按照指挥关系、职责权限和运行机制组织实施。批准权限和程序由中央军事委员会规定。

遇有重大灾情、险情或者暴力恐怖事件等严重威胁公共安全或者公民人身财产安全的紧急情况，人民武装警察部队应当依照中央军事委员会有关规定采取行动并同时报告。

第十三条 人民武装警察部队根据执行任务需要，参加中央国家机关、县级以上地方人民政府设立的指挥机构，在指挥机构领导下，依照中央军事委员会有关规定实施组织指挥。

第十四条 中央国家机关、县级以上地方人民政府对人民武装警察部队执勤、处置突发社会安全事件、防范和处置恐怖活动、抢险救援工作进行业务指导。

人民武装警察部队执行武装警卫、武装守卫、武装守护、武装警戒、押解、押运等任务，执勤目标单位可以对在本单位担负执勤任务的人民武装警察部队进行执勤业务指导。

第三章　任务和权限

第十五条　人民武装警察部队主要担负下列执勤任务：

（一）警卫对象、重要警卫目标的武装警卫；

（二）重大活动的安全保卫；

（三）重要的公共设施、核设施、企业、仓库、水源地、水利工程、电力设施、通信枢纽等目标的核心要害部位的武装守卫；

（四）重要的桥梁和隧道的武装守护；

（五）监狱、看守所等场所的外围武装警戒；

（六）直辖市，省、自治区人民政府所在地的市和其他重要城市（镇）的重点区域、特殊时期以及特定内陆边界的武装巡逻；

（七）协助公安机关、国家安全机关依法执行逮捕、追捕任务，协助监狱、看守所等执勤目标单位执行押解、追捕任务，协助中国人民银行、国防军工单位等执勤目标单位执行押运任务。

前款规定的执勤任务的具体范围，依照国家有关规定执行。

第十六条 人民武装警察部队参与处置动乱、暴乱、骚乱、非法聚集事件、群体性事件等突发事件，主要担负下列任务：

（一）保卫重要目标安全；

（二）封锁、控制有关场所和道路；

（三）实施隔离、疏导、带离、驱散行动，制止违法犯罪行为；

（四）营救和救护受困人员；

（五）武装巡逻，协助开展群众工作，恢复社会秩序。

第十七条 人民武装警察部队参与防范和处置恐怖活动，主要担负下列任务：

（一）实施恐怖事件现场控制、救援、救护，以及武装巡逻、重点目标警戒；

（二）协助公安机关逮捕、追捕恐怖活动人员；

（三）营救人质、排除爆炸物；

（四）参与处置劫持航空器等交通工具事件。

第十八条 人民武装警察部队参与自然灾害、事故灾难、公共卫生事件等突发事件的抢险救援，主要担负下列任务：

（一）参与搜寻、营救、转移或者疏散受困人员；

（二）参与危险区域、危险场所和警戒区的外围警戒；

（三）参与排除、控制灾情和险情，防范次生和衍生灾害；

（四）参与核生化救援、医疗救护、疫情防控、交通设施抢修抢建等专业抢险；

（五）参与抢救、运送、转移重要物资。

第十九条 人民武装警察执行任务时，可以依法采取下列措施：

（一）对进出警戒区域、通过警戒哨卡的人员、物品、交通工具等按照规定进行检查；对不允许进出、通过的，予以阻止；对强行进出、通过的，采取必要措施予以制止；

（二）在武装巡逻中，经现场指挥员同意并出示人民武装警察证件，对有违法犯罪嫌疑的人员当场进行盘问并查验其证件，对可疑物品和交通工具进行检查；

（三）协助执行交通管制或者现场管制；

（四）对聚众扰乱社会治安秩序、危及公民人身财产安全、危害公共安全或者执勤目标安全的，采取必要措施予以制止、带离、驱散；

（五）根据执行任务的需要，向相关单位和人员了解有关情况或者在现场以及与执行任务相关的场所实施必要的侦察。

第二十条　人民武装警察执行任务时，发现有下列情形的人员，经现场指挥员同意，应当及时予以控制并移交公安机关、国家安全机关或者其他有管辖权的机关处理：

（一）正在实施犯罪的；

（二）通缉在案的；

（三）违法携带危及公共安全物品的；

（四）正在实施危害执勤目标安全行为的；

（五）以暴力、威胁等方式阻碍人民武装警察执行任务的。

第二十一条 人民武装警察部队协助公安机关、国家安全机关和监狱等执行逮捕、追捕任务，根据所协助机关的决定，协助搜查犯罪嫌疑人、被告人、罪犯的人身和住所以及涉嫌藏匿犯罪嫌疑人、被告人、罪犯或者违法物品的场所、交通工具等。

第二十二条 人民武装警察执行执勤、处置突发社会安全事件、防范和处置恐怖活动任务使用警械和武器，依照人民警察使用警械和武器的规定以及其他有关法律、法规的规定执行。

第二十三条 人民武装警察执行任务，遇有妨碍、干扰的，可以采取必要措施排除阻碍、强制实施。

人民武装警察执行任务需要采取措施的，应当严格控制在必要限度内，有多种措施可供选择的，应当选择有利于最大程度地保护个人和组织权益的措施。

第二十四条　人民武装警察因执行任务的紧急需要，经出示人民武装警察证件，可以优先乘坐公共交通工具；遇交通阻碍时，优先通行。

第二十五条　人民武装警察因执行任务的需要，在紧急情况下，经现场指挥员出示人民武装警察证件，可以优先使用或者依法征用个人和组织的设备、设施、场地、建筑物、交通工具以及其他物资、器材，任务完成后应当及时归还或者恢复原状，并按照国家有关规定支付费用；造成损失的，按照国家有关规定给予补偿。

第二十六条　人民武装警察部队出境执行防范和处置恐怖活动等任务，依照有关法律、法规和中央军事委员会的规定执行。

第四章　义务和纪律

第二十七条　人民武装警察应当服从命令、听从指挥，依法履职尽责，坚决完成任务。

第二十八条　人民武装警察遇有公民的人身财产

安全受到侵犯或者处于其他危难情形，应当及时救助。

第二十九条 人民武装警察不得有下列行为：

（一）违抗上级决定和命令、行动消极或者临阵脱逃；

（二）违反规定使用警械、武器；

（三）非法剥夺、限制他人人身自由，非法检查、搜查人身、物品、交通工具、住所、场所；

（四）体罚、虐待、殴打监管羁押、控制的对象；

（五）滥用职权、徇私舞弊，擅离职守或者玩忽职守；

（六）包庇、纵容违法犯罪活动；

（七）泄露国家秘密、军事秘密；

（八）其他违法违纪行为。

第三十条 人民武装警察执行任务，应当按照规定着装，持有人民武装警察证件，按照规定使用摄录器材录像取证、出示证件。

第三十一条 人民武装警察应当举止文明，礼貌待人，遵守社会公德，尊重公民的宗教信仰和民族风俗习惯。

第五章　保障措施

第三十二条　为了保障人民武装警察部队执行任务，中央国家机关、县级以上地方人民政府及其有关部门应当依据职责及时向人民武装警察部队通报下列情报信息：

（一）社会安全信息；

（二）恐怖事件、突发事件的情报信息；

（三）气象、水文、海洋环境、地理空间、灾害预警等信息；

（四）其他与执行任务相关的情报信息。

中央国家机关、县级以上地方人民政府应当与人民武装警察部队建立情报信息共享机制，可以采取联通安全信息网络和情报信息系统以及数据库等方式，提供与执行任务相关的情报信息及数据资源。

人民武装警察部队对获取的相关信息，应当严格保密、依法运用。

第三十三条　国家建立与经济社会发展相适应、

与人民武装警察部队担负任务和建设发展相协调的经费保障机制。所需经费按照国家有关规定列入预算。

第三十四条 执勤目标单位及其上级主管部门应当按照国家有关规定，为担负执勤任务的人民武装警察部队提供执勤设施、生活设施等必要的保障。

第三十五条 在有毒、粉尘、辐射、噪声等严重污染或者高温、低温、缺氧以及其他恶劣环境下的执勤目标单位执行任务的人民武装警察，享有与执勤目标单位工作人员同等的保护条件和福利补助，由执勤目标单位或者其上级主管部门给予保障。

第三十六条 人民武装警察部队的专用标志、制式服装、警械装备、证件、印章，按照中央军事委员会有关规定监制和配备。

第三十七条 人民武装警察部队应当根据执行任务的需要，加强对所属人民武装警察的教育和训练，提高依法执行任务的能力。

第三十八条 人民武装警察因执行任务牺牲、伤残的，按照国家有关军人抚恤优待的规定给予抚恤优待。

第三十九条 人民武装警察部队依法执行任务，公民、法人和其他组织应当给予必要的支持和协助。

公民、法人和其他组织对人民武装警察部队执行任务给予协助的行为受法律保护。

公民、法人和其他组织因协助人民武装警察部队执行任务牺牲、伤残或者遭受财产损失的，按照国家有关规定给予抚恤优待或者相应补偿。

第六章 监督检查

第四十条 人民武装警察部队应当对所属单位和人员执行法律、法规和遵守纪律的情况进行监督检查。

第四十一条 人民武装警察受中央军事委员会监察委员会、人民武装警察部队各级监察委员会的监督。

人民武装警察执行执勤、处置突发社会安全事件、防范和处置恐怖活动、海上维权执法、抢险救援任务，接受人民政府及其有关部门、公民、法人和其他组织的监督。

第四十二条 中央军事委员会监察委员会、人民武装警察部队各级监察委员会接到公民、法人和其他组织的检举、控告，或者接到县级以上人民政府及其有关部门对人民武装警察违法违纪行为的情况通报后，应当依法及时查处，按照有关规定将处理结果反馈检举人、控告人或者通报县级以上人民政府及其有关部门。

第七章　法律责任

第四十三条　人民武装警察在执行任务中不履行职责，或者有本法第二十九条所列行为之一的，按照中央军事委员会的有关规定给予处分。

第四十四条　妨碍人民武装警察依法执行任务，有下列行为之一的，由公安机关依法给予治安管理处罚：

（一）侮辱、威胁、围堵、拦截、袭击正在执行任务的人民武装警察的；

（二）强行冲闯人民武装警察部队设置的警戒带、警戒区的；

（三）拒绝或者阻碍人民武装警察执行追捕、检查、搜查、救险、警戒等任务的；

（四）阻碍执行任务的人民武装警察部队的交通工具和人员通行的；

（五）其他严重妨碍人民武装警察执行任务的行为。

第四十五条 非法制造、买卖、持有、使用人民武装警察部队专用标志、警械装备、证件、印章的，由公安机关处十五日以下拘留或者警告，可以并处违法所得一倍以上五倍以下的罚款。

第四十六条 违反本法规定，构成犯罪的，依法追究刑事责任。

第八章 附 则

第四十七条 人民武装警察部队执行海上维权执法任务，由法律另行规定。

第四十八条 人民武装警察部队执行防卫作战任务，依照中央军事委员会的命令执行。

第四十九条 人民武装警察部队执行戒严任务，依照《中华人民共和国戒严法》的有关规定执行。

第五十条 人民武装警察部队文职人员在执行本法规定的任务时，依法履行人民武装警察的有关职责和义务，享有相应权益。

第五十一条 本法自 2020 年 6 月 21 日起施行。

关于《中华人民共和国人民武装警察法（修订草案）》的说明*

一、修订《人民武装警察法》的必要性

现行《人民武装警察法》，自 2009 年 8 月 27 日颁布实施以来，为维护国家安全和社会稳定，保卫人民美好生活发挥了重要作用，也为武警部队依法履职和全面建设提供了重要法律依据。随着国防和军队改革不断深化推进，现行《人民武装警察法》已不能适应形势的发展，需要重新修订完善。一是深入贯彻习近平强军思想。习主席就武警部队建设发展作出了一系列重要指示，亲自向武警部队授旗并致训词，为武警部队履行使命任务赋予了新的时代内涵，为建设强大的现代化武装警察部队指明了方向，是指导武警

* 来源：中国人大网法律草案征求意见栏目。

部队建设发展的魂和纲，将这些重要论述以法律的形式确定下来是时代所需。二是确保党中央、中央军委对武警部队集中统一领导。调整武警部队领导指挥体制是党中央作出的重大政治决定，是完善和发展中国特色社会主义军事制度的重大举措，是推进国家治理体系和治理能力现代化的重要组成部分，是确保实现党和国家长治久安的重大政治设计和制度安排。因此，有必要以法的权威性、稳定性、强制性保障新的领导指挥体制顺畅运行，确保党对武警部队的绝对领导，确保武警部队坚决听从党中央、中央军委和习主席指挥。三是加快推进武警部队建设发展、有效履行职责使命。充分发挥法治对部队建设、遂行任务的推动和保障作用，通过修法形成基本制度、固化改革成果，充分释放改革效能，为推进武警部队现代化建设提供动力引擎，为确保武警部队有效履行新时代使命任务提供有力支撑。

《全国人民代表大会常务委员会关于中国人民武装警察部队改革期间暂时调整适用相关法律规定的决定》明确，“改革措施成熟后，及时修改完善有关法律”；十三届全国人大常委会立法规划和中央军委政策制度改革计划，对修订《人民武装警察法》均作出了部署。据此，武警部队成立工作专班，深入调研论证，反复研究修改，广泛征求中央和国家机关有关部门、军委机关有关部门和各大单位意见，最大限度地凝聚共识，起草形成了修订草案，军委改革和编制办公室组织了审修评估，军委法制局作了立法审查，草案已经中央军委常务会议审议通过。

二、修订《人民武装警察法》的指导思想和基本思路

修订《人民武装警察法》，坚持以习近平新时代中国特色社会主义思想为指导，深入贯彻习近平强军思想，深入贯彻新时代军事战略方针，聚焦使命任务，坚持问题导向，全面体现改革成果，紧密结合武警部队实际，围绕任务更加明确、职权更加清晰、关系更加顺畅、保障更加有力、监督更加严格的立法主旨，着力使新修订的《人民武装警察法》符合时代要求，为建设强大的现代化武装警察部队、有效履行职责使命提供坚强法律保障和制度支撑。按照以上指

导思想，《人民武装警察法》修订工作遵循以下思路和原则：一是坚持政治引领，始终以党中央、中央军委和习主席决策指示引领立法设计；二是突出改革导向，将实践证明已经成熟的改革成果固化上升为法律；三是注重体系设计，着眼武警部队有效履行使命任务和加快推进现代化建设，全面设置相应制度；四是坚持依法推进，贯彻依法立法要求，注重与现行法律法规保持一致。

三、《人民武装警察法》修订的主要内容

现行《人民武装警察法》共7章38条，此次修订主要是增加了“组织和指挥”一章，将“任务和职责”一章调整为“任务”和“职权”两章，修改32条、保留4条、删除2条、新增14条，修订后草案共设9章50条。

（一）关于领导体制。根据党中央决定，武警部队领导体制由“国务院、中央军事委员会领导，实行统一领导与分级指挥相结合的体制”调整为由“党中央、中央军事委员会集中统一领导”。按照这一核心要求，统揽相关制度设置，重塑原则和规则体系，确保制度设置与改革决策相一致。草案总则部分，重点明确了武警部队的性质和领导体制、建设发展的基本原则等。

（二）关于使命任务。习主席在对武警部队授旗训词时指出："武警部队是党领导的人民武装力量的重要组成部分，在维护国家安全和社会稳定、保卫人民美好生活中肩负着重大职责，在维护政治安全特别是政权安全、制度安全中具有重要作用"。这是对武警部队性质宗旨和使命任务的高度概括，也是对武警部队在国家治理体系中地位作用的准确定位。随着深化国防和军队改革向纵深推进，武警部队的使命任务不断拓展，呈现出由陆上向海上、由境内向境外、由维稳向维权延伸的特点。准确界定武警部队任务范围、职责权限、法律责任，以及在执行任务中与有关中央和国家机关、公民、组织之间的关系，成为这次法律修订的基础和关键。为此，在草案总则部分明确规定武警部队担负执勤、处置突发事件、反恐怖、海上维权执法、抢险救援和防卫作战任务，并单设"任务"一章，细化执勤任务范围规定，增加处置突发事件、反恐怖和抢险救援的任务范围规定，对海上维权执法任务和防卫作战任务作了援引性规定。

（三）关于组织指挥。为深入贯彻习主席关于“加快融入全军联合作战体系、加快构建军地协调联动新格局”的指示要求，构建高效顺畅的武警部队组织指挥制度，确保实现党中央、中央军委领导掌握部队、高效指挥部队有机统一和武警部队圆满完成各项任务；也考虑到武警部队领导指挥体制调整后，与地方党委政府及其公安机关的关系发生重大变化，着眼与相关法律法规保持一致、有效衔接，草案专设了“组织和指挥”一章，对武警部队的组成、指挥关系、与地方党委和人民政府之间兵力需求对接、指挥协调机构、业务指导关系等作了明确规定。

（四）关于职责权限。着眼武警部队遂行任务需要，确保有效维护人民群众合法权益，对执行任务的程序规则、职权行使和责任承担等作出明确，规定了履职原则，对警械武器的使用和执行海上维权执法任务时的相应职权作了援引性规定。

（五）关于各项保障。为有利于武警部队履行职责，同时为后续改革预留好空间和接口，草案对现行法律相关保障措施作了完善。主要是明确提出武警部队应当与有关部门建立情报信息共享机制；国家建立与经济社会发展相适应、与人民武装警察部队担负任务和建设发展相协调的经费保障机制，相应经费保障按照国家有关规定列入财政预算。

（六）关于监督检查和法律责任。适应武警部队领导指挥体制和军队监察体制构建的实际，强化对武警部队权力运行的监督，明确了中央军委监察委员会、武警部队各级监察委员会是人民武装警察执行任务的法定监督机关，在执行执勤、处置突发事件、反恐怖、海上维权执法、抢险救援任务时，接受人民政府及其有关部门、公民、法人和其他组织的社会监督。草案还结合部队近年来任务实践，严格了人民武装警察禁止性行为规定，细化了公民、法人和其他组织妨碍执行任务需要承担法律责任的违法行为种类。

此外，草案根据党中央、中央军委出台的有关政策规定，还对法律其他条文作出了相应修改和完善。

中华人民共和国人民武装警察法
ZHONGHUA RENMIN GONGHEGUO RENMIN WUZHUANG JINGCHA FA

经销/新华书店
印刷/北京海纳百川印刷有限公司
开本/850 毫米 ×1168 毫米　32 开　　印张/1　字数/10 千
版次/2020 年 6 月第 1 版　　2020 年 6 月第 1 次印刷

中国法制出版社出版
书号 ISBN 978 – 7 – 5216 – 1139 – 7　　定价：4.00 元

北京西单横二条 2 号
邮政编码 100031　　传真：010 – 66031119
网址：http：//www. zgfzs. com　　编辑部电话：010 – 66066621
市场营销部电话：010 – 66033393　　邮购部电话：010 – 66033288

（如有印装质量问题，请与本社印务部联系调换。电话：010 – 66032926）